ESSAI

SUR

LA MALADIE DES POMMES DE TERRE.

NOUVELLES OBSERVATIONS.

ESSAI
SUR LA MALADIE
DES POMMES DE TERRE.

NOUVELLES OBSERVATIONS.

Par

A. Girand,

Juge au Tribunal civil de Bourg.
Membre de la Société d'Emulation et d'Agriculture de l'Ain.

PRIX : 1 FR. 25 C.

BOURG,

IMPRIMERIE DE MILLIET-BOTTIER.

1850.

ESSAI

SUR

LA MALADIE DES POMMES DE TERRE.

NOUVELLES OBSERVATIONS.

Fiat lux !

En 1845, un fléau redoutable est venu fondre sur les campagnes ; la pomme de terre, envahie par je ne sais quel *typhus*, a été altérée, et nous avons été privés de l'une de nos premières substances nourricières. A cette époque, le mal ne sévissait que sur une partie de la France ; dans la même commune on vit des champs entiers préservés et d'autres atteints complètement. Aussi, par sa nouveauté, cet accident excita l'étonnement des cultivateurs, et chacun consultait son voisin pour s'assurer si ses tubercules étaient malades ; le plus grand nombre ignorant la nature du mal et les formes qu'il affectait, se reposait avec confiance sur son produit qu'il enfouissait en silos, plein d'espoir de le retirer sain et sauf en hiver. Hélas ! on ne retrouvait d'ordinaire, après quelques mois de séjour en terre, qu'un tas de pourriture dont l'infection repoussait fortement !

1

En 1846, la récolte fut encore plus généralement atteinte, et la pomme de terre, de plus en plus malade, malgré les investigations des savans, semblait défier toutes les ressources de l'art et les notions de physiologie végétale que chacun s'empressait de mettre en pratique.

Il était réservé à 1850 surtout de voir le mal s'aggraver encore ; en sorte que la science fut en défaut, que tous les calculs et l'espoir des Sociétés agronomiques s'évanouirent, et que c'est vainement qu'on a demandé alors et qu'on se dit encore : D'où vient ce mal ? comment s'en garantir ? Il n'est que trop vrai, depuis qu'on s'occupe de cette intéressante question, le jour de la cessation du fléau n'a pas encore lui pour nous, et l'on peut dire qu'*avant* les investigations de la science la pomme de terre fut malade, qu'elle l'a été *pendant,* et qu'elle s'obstine à l'être encore *après!...*

Faisons trève à tant de douleurs agricoles et abordons résolument un sujet intéressant d'examen : notre but n'est pas d'être plus heureux que nos devanciers dont les hautes lumières commandent nos respects, nous voulons seulement parcourir avec nos lecteurs le vaste champ du passé de la pomme de terre, agglomérer quelques faits comparatifs et diverses observations pratiques, en un mot apporter notre contingent sur cette matière...

I. — *D'où vient le mal et quelle est sa nature?*

Tous les savans divers qui ont été saisis de la question des pommes de terre se sont peu prononcés sur la cause du mal qui les atteint. Quelques-uns ont pensé qu'il procède de l'affaiblissement de l'espèce, en attribuant ce dernier effet aux *cultures fumées avec excès* (1). Le volume des tubercules occasionnerait une diminution de leurs qualités premières. La pomme de terre de Rohan, d'un volume quelquefois monstrueux, est citée comme s'étant *améliorée beaucoup* en perdant de sa grosseur (2).

Un trop long séjour en terre est encore regardé comme une des causes de la maladie; il est bien certain que jusqu'à ce jour on a remarqué que plus les tubercules étaient récoltés tard, et plus ils étaient atteints; mais je ne vois ici qu'un *effet*, et c'est *une cause* que je cherche et ne trouve pas. Avant l'apparition de la maladie, les pommes de terre étaient çà et là retirées plus ou moins tard, et cependant on n'en voyait pas de malades : le mal a paru tout d'un coup.

Il se fait remarquer dans des fonds distans l'un de l'autre, de même nature ou de composition différente aussi; dans les sols élevés, dans les lieux bas; au point que chacun se demande, aujourd'hui que le fléau a tout ravagé, s'il doit ensemencer encore ses champs et perdre ses sueurs pour un produit désormais irréalisable !

Une réunion horticole (3), gravement assemblée, a délibéré le 8 décembre 1847, et résolu que la cause du mal venait de

(1) Seringe, *Rapport au nom de la commission de la Société d'Horticulture pratique du Rhône,* avril 1847, p. 14.

(2) *Ibid.,* p. 11.

(3) Société d'Agriculture de Boulogne-sur-Mer.

ce qu'on épuisait les pommes de terre en les égermant pour les conserver; que les tubercules arrachés *avant* leur maturité étaient impropres à la reproduction. Cela est d'autant plus admissible que l'expérience de plusieurs a démontré que les plantations de pommes de terre récoltées avant la maturité n'ont produit que des tubercules qui se sont presque tous gâtés.

J'admets sans peine toutes ces considérations qui rentrent parfaitement dans l'économie physiologique des plantes; mais je le demande, aujourd'hui que nous avons mis plusieurs fois en action *et sans fruit* ces préceptes de l'art horticole, est-ce là qu'il faut voir la source du mal? Non, malheureusement, et tous les moyens employés jusqu'ici pour *régénérer* l'espèce n'ont abouti à rien, oui, à rien; ce mot est bien triste, mais il est vrai. Régénérer est par trop ambitieux pour l'homme; il peut bien détruire, mais créer, jamais : or, régénérer, c'est créer. Il nous est bien donné d'*atténuer,* d'éloigner momentanément un fléau de nous, cela se voit pour les céréales qui s'altèrent promptement si l'on ne change souvent de semences; mais pour régénérer, il nous faudrait *guérir* une plante malade et la rendre saine. Dira-t-on que le semis est un moyen de régénérer : si cet effet était produit, j'aurais bouche close; mais qu'avons-nous vu jusqu'ici? Rien, sinon que ce mode tant vanté par les savans n'a pas abouti. Comment donc régénérer, si le semis ne produit pas cet effet?

Mais enfin tout cela ne nous apprend pas la cause du mal. Pourrait-on la voir dans l'affaiblissement de cette solanée? A coup sûr on ne saurait contester tout ce qu'apporte de débilité dans une espèce cultivée le choix vicieux de la semence. Nous retrouvons ces effets dans nos diverses cultures ; on les rencontre aussi dans la reproduction des espèces animales : l'homme des villes est à nos yeux l'exemple le plus frappant d'un affaiblissement soutenu.

Etrangère à notre pays, la pomme de terre a dû subir, en s'installant chez nous, plusieurs modifications désavantageuses et bien inférieures à celles qu'elle rencontre dans son sol natal. Attribuera-t-on, en partant de ce point, le mal qui l'afflige aux récoltes nombreuses et successives que nous en avons faites, en les semant toujours plus altérées ? C'est peut-être le seul argument admissible ; mais il serait bien triste de s'y arrêter, car on devrait en conclure qu'il nous faut renoncer à cultiver la pomme de terre ! Aussi personne, que je sache, ne l'a présenté.

Si l'on me disait : En Amérique, pays d'où la pomme de terre a été tirée, un mal, semblable à la carie de nos blés, vicie son essence, et elle n'y résiste bien que par le changement des semences de contrée à contrée ; moyennant cela on l'obtient saine, chose qui arrive à nos céréales quand nous avons le soin de changer aussi les semences. Dans ce cas je concluerais que l'on peut trouver un remède au mal. Pour avoir été exportée ailleurs, dira-t-on, elle a souffert, car non seulement le climat et la *zône* sous lesquels on la cultive en Europe l'ont fait *varier,* ce qui tend à en affaiblir l'espèce primitive, mais encore l'absence de culture sage et raisonnée a contribué à l'altérer davantage ; les conditions étant changées, elle ne peut se *remettre* en santé loin de son pays. Cet argument me paraît fondé ; on sait, en effet, que telle plante, telle variété de fruits, tendent à varier beaucoup par le semis, suivant la zône où on les cultive : Van-Mons l'a démontré clairement. Dira-t-on que cet effet ne saurait être appliqué à la pomme de terre, parce que ce n'est pas par le semis qu'on la cultive, mais seulement par tubercules ? Je répondrai qu'à mes yeux le tubercule est une graine de la plante, tout aussi bien que celle qui se montre au sommet des tiges qui ne sont que de petits tubercules futurs ; cela a-t-il besoin d'être démontré : semer long-temps de la même graine qui pour cela dégénère, ou semer des tubercules, c'est toujours propager une plante par les moyens *naturels ;* la bouture ne serait plus cela. Or, employer pour propager un végétal ses semences souterraines ou celles aériennes, c'est toujours semer. Ainsi, nous avons *semé* la pomme de terre, elle a varié à l'infini sur notre sol ; en variant, elle s'est altérée, l'espèce s'est affaiblie : voilà la cause du mal.

Souvent, il faut le dire aussi, nos récoltes de pommes de terre ont été atteintes par la gelée avant d'être cueillies : le tubercule, quoique à l'abri du froid, a dû recevoir, par sa tige même mûrie en partie, des impressions morbides qui ont diminué la vigueur reproductive des tubercules. En 1850, des gelées fortes ont régné avant la fin d'août, et tous les champs de pommes de terre en ont souffert ; les fanes ont été noircies tout d'un coup. Les variations atmosphériques me semblent également devoir être prises en considération ; en 1850, nous avons eu une grande sécheresse ; les pommes de terre se sont maintenues nettes ; la pluie survenant à la fin, chacun se disait : Les pommes de terre sont sauvées, nous en aurons. Qu'est-il arrivé ? au lieu de végéter, la fane s'est noircie et a séché partout. Comment cet effet subit n'aurait-il pas contribué à gâter ces tubercules? Aussi sont-ils plus malades que jamais.

Il est plus facile de donner un aperçu de la maladie des pommes de terre, que d'en expliquer la cause : le mal qui les atteint me semble être une véritable carie.

Cette *carie* est gangreneuse de sa nature; en effet, elle se décèle, dans le principe du mal, par une altération de la peau, qui devient d'un roux sale, très-visible sur les blanches et les jaunes. Au bout de peu de temps, cette altération de la peau, qui n'avait d'abord qu'une largeur moyenne, s'est enracinée; elle s'est propagée en sillonnant le tubercule, ce qu'on reconnaît à ses parties plus brunes et devenues sèches, spongieuses; puis sa surface se déprime : on y remarque alors des enfoncemens cariés et secs, la peau noircit davantage; entamé avec l'ongle, le tubercule est roux, c'est à ne plus s'y tromper; puis enfin quand cet état est à son apogée, en très-peu d'instans toute la pomme de terre est atteinte, elle pourrit bientôt et répand l'odeur la plus infecte.

J'ai dit que cette affection était dans la constitution même du végétal : rien n'est plus vrai. En effet, les tubercules les plus sains lors de la récolte, ceux qu'on met de côté aussitôt, dans l'espoir de les conserver, sont bientôt atteints à leur tour. Et pour démontrer mieux que toute l'économie du tubercule est malade à l'avance, c'est de le manger cuit à la marmite; vainement il semble farineux à l'extérieur, ce qui se voit aux excoriations de la peau, ou par ses fendillemens à la cuisson, il est ferme et dur sous la dent, et affecte enfin cet état que nous désignons par le mot *gras,* quand nous voulons parler d'un tubercule non farineux.

Ainsi le mal est constitutionnel, mais il est apporté par la tige et l'air y contribue; il faut bien l'admettre, quoique cela ne puisse se toucher au doigt et à l'œil; car comment des plantes, retirées saines sous des fanes malades, deviendraient-elles cariées sans cela? Puis pourquoi la plante serait-elle atteinte d'abord? Mais voici un fait nouveau qui tendrait à le démontrer : le docteur Olivier, de Bourg, ayant coupé en juillet les fanes de plusieurs plantes, retira plus tard tous les tubercules sains; les plantes voisines non coupées, récoltées en même temps, montrèrent des tubercules atteints. M. Olivier, ayant recouvert de terre le bout des fanes coupées, pense que cet agent a intercepté l'air et a préservé les tubercules. Il s'en-suivrait, si le fait se confirme par l'expérience, que le typhus des pommes de terre règne dans l'air (1). Je me suis empressé de donner à mon tour de la publicité à une expérience qui peut contribuer à éclaircir nos doutes.

On a dit que cette carie se propageait de tubercule à tuber-cule. Ici il faut distinguer : tant que la carie est sèche, il n'y a pas de danger de communication, j'en ai fait l'essai; mais si la pourriture s'est déclarée, l'humidité et la putridité des tuber-cules se communiquent très-vite, au point de faire une masse de pourriture de ceux atteints et des tubercules très-sains.

On pense que le mal commence par la tige; en effet, il est facile de se convaincre que celle-ci est affectée d'une maladie qui se montre par places, soit sur la tige, soit sur les feuilles. Aussi, dans l'espoir de couper le mal *à sa racine*, s'était-on

(1) Lettre au *Journal de l'Ain*, du 28 octobre 1850

hâté de conseiller de récolter de bonne heure, c'est-à-dire avant que le *typhus* ne fût descendu jusqu'en bas. Cet effet ne fut pas produit. Est-ce que quand on est atteint *constitutionnellement*, comme dit la *pratique* médicale, il ne faut pas régénérer tout le sang? Suffirait-il de couper des bras ou des jambes? Non ! Pourquoi donc voulait-on que les tubercules qui vivent par la plante, et dont toutes les fibres y correspondent, ne fussent pas atteints de son virus? Aussi on a eu beau récolter de bonne heure, ou avant que la plante, la *fane* veux-je dire, ne fût noircie entièrement par le mal qui la minait, les tubercules les plus sains en apparence ont été pris plus tard du mal ; je l'ai du reste moi-même vérifié encore cette année. Un champ de pommes de terre, cueillies la fane étant encore verte, et long-temps avant l'époque ordinaire de la récolte, n'a donné qu'un résultat vicié. Un mois après ces tubercules, si sains en apparence, ont été tellement pourris qu'on ne pouvait désinfecter l'appartement qui les avait contenus. Je serais tenté de voir le mal dans l'air, car je l'ai vu se produire sur des tubercules *vitelotte longue, rouge*, que je cultivais depuis dix ans dans mon jardin, lorsqu'ils furent atteints pour la première fois en 1846. Mais c'est là ce qui est arrivé partout.

On a parlé d'un agriculteur de la Côte-d'Or qui a découvert un insecte sur les tiges de pommes de terre, et, partant de là, on lui a attribué la maladie qui nous cause tant de ravages. Cela est à peine croyable : qu'un insecte vive sur cette plante, rien n'est aussi simple ; mais aller jusqu'à supposer que ce parasite puisse lui communiquer le mal général qui la détériore en si peu de temps, c'est un peu fort, ce me semble. Jusqu'à ce jour, nous ne connaissions d'ennemis de la plante que la grosse chenille du *sphinx atropos;* cependant nul n'a songé à lui attribuer la *gangrène* qui commence à paraître sur les tiges de la pomme de terre. Pourquoi voudrait-on qu'un insecte plus petit en fût la cause? La pyrale atteint bien les récoltes *vinifères,* mais elle ne fait pas *périr les ceps.* Disons en passant qu'il est très-heureux que dans ses desseins la Providence, qui a donné pour nourriture la plante de pomme de terre à la plus grosse chenille d'Europe, n'ait pas ordonné qu'elle fît de plus grands ravages; elle est en effet très-rare, et je répète ici ce que j'ai dit ailleurs, que les plus gros animaux dans chaque classe, ne sont pas ceux qui pullulent, ce sont les plus petits seulement (1).

Ainsi ne parlons pas de l'insecte de la tige des pommes de terre, ce n'est pas lui qui fait le mal que nous déplorons. Cet insecte, cause prétendue de la maladie, serait l'*elater segetis,* parfaitement semblable à celui que l'on a vu dans les blés. Je regrette que la description de cet insecte n'ait pas été donnée dans la note que je lis; mais on y annonce que le ministre de l'agriculture et le comité de Beaune ont reçu à ce sujet diverses communications (2).

Les tubercules sont quelquefois la proie des *mulots* ou rats des champs; le hanneton, à l'état de ver, y cause aussi quelques

(1) Un sphinx atropos n'est éclos cette année chez moi que le 8 octobre; il s'était chrysalidé au milieu du mois d'août.

(2) Cet *elater* est-il la même chose que l'*elater* de Linnée ou taupin bien connu?

ravages, mais ils sont assez bornés, et les tubercules attaqués par lui restent sains.

Un autre ennemi, que le hasard m'a fait découvrir cette année pour la première fois, est bien plus à craindre que tout cela.

J'ai vu un champ entier de plus de 12 ares, dont les tubercules étaient pour la bonne moitié tout percés de trous; les ayant ouverts, j'ai vu installé, dans des galeries sinueuses, un ver que je comparerai à celui du *blaps;* il a sa couleur jaune, sa forme, sa peau lisse et coriace, ce qui lui sert pour glisser facilement sous une pression quelconque; il est un peu plus court. Quel insecte fait-il? J'ai pensé trop tard à en renfermer pour les voir se métamorphoser; un seul que j'ai pu recueillir s'est desséché : lors de la récolte, ces malheureux vers se sont presque tous glissés en terre, on a labouré dessus. Le champ dont je parle est situé près d'un bois, peut-être est-ce de là qu'est parti l'insecte. Dans la même commune, dans des champs voisins aussi, je n'ai pas fait la même remarque. Cet insecte serait-il l'*elater segetis,* trouvé au pied des plantes par le cultivateur désigné plus haut?

Bien que jusqu'à ce jour on n'ait pas observé ce nouveau rongeur, cela ne veut pas dire que nous n'ayons pas à le subir plus tard. Pourquoi ne se propagerait-il pas bientôt, puisqu'il a commencé sur une assez grande échelle pour promettre une forte lignée? Alors comment s'en garantir? Ainsi ce n'était pas assez de la maladie, puis des rats et des hannetons, voici venir un nouvel ennemi de la pomme de terre; il vit aux dépens du tubercule, il le perce de plusieurs trous, et dans cet état le tubercule ne tarde pas à se pourrir; tous ceux que j'ai vus étaient presque hors d'état de servir. J'appelle donc l'attention des savans sur cette nouvelle apparition.

Pendant l'impression de cet Essai, j'ai recueilli à la fin d'octobre deux vers nouveaux. Ils n'étaient donc pas encore transformés à cette époque. Mais ce qui m'a fort surpris, c'est qu'avec ces gros il s'en est trouvé plus de trente petits d'un centimètre de long et très-minces. Qui les avait produits? A coup sûr ce ne sont pas les gros, qui auraient dû pour cela être parvenus à l'état d'insecte parfait. Il faut donc que l'insecte lui-même ait déposé à l'avance des œufs, devenus vers à leur tour. Ce fait, bien établi, démontre que l'insecte rongeur des pommes de terre engendre plusieurs fois dans l'année. Des tubercules avaient été placés dans la chambre de poêle d'un cultivateur, et quelques linges les touchaient, et c'est sur ces linges que les vers se réfugiaient; ce que j'ai constaté encore, c'est que ces rongeurs vivaient également sur quelques raves qui étaient mêlées aux pommes de terre. Voilà, ce me semble, des faits intéressans et qui pourront servir à l'histoire de mon ver, dont il me tarde de savoir le nom.

REMÈDES.

Dès les premiers symptômes de la maladie, les Sociétés savantes s'émurent et chacune à l'envi s'empressa de répandre ce qu'elle croyait le plus propre à conjurer le mal pour une autre année. En premier ordre, on se laissa aller à l'idée de régénérer l'espèce, et pour cela on conseilla les semis. Le ministre de l'agriculture et du commerce fit mettre à la disposition des diverses Sociétés agricoles des graines de pommes de terre tirées d'Amérique. Ce but louable resta sans effet; on sema beaucoup, on eut des variétés nombreuses, mais la maladie sévit sur le semis même. Ayant participé à un lot de graines, je l'ai semé, et la première année une bonne partie des plantes était atteinte de gangrène sur la tige et sur les feuilles. Je récoltai de bonne heure; mais malgré ce soin, une partie des tubercules fut atteinte de la maladie. M. Alphonse Mas, mon confrère à la Société d'Émulation de l'Ain, a semé en grand, et son résultat est aussi triste que le mien.

On remarqua cependant que les pommes de terre rouges étaient plus saines, et l'on conseilla de planter de cette variété ; elles se maintinrent un peu mieux, mais aujourd'hui elles sont aussi malades que les autres. Parmi les rouges provenues de mon semis, il est vrai de dire aussi qu'elles étaient moins affectées. J'ai choisi cette année les rouges demi-longues, qui étaient mêlées aux jaunes malades, *aucune* n'avait de mal; je les garde pour planter.

On a constaté aussi que les pommes de terre précoces ont été moins atteintes que les tardives; ainsi la *marjolin,* la *violette,* blanche en dedans, se sont mieux conservées; je conviens que, cette année même, j'ai vu beaucoup de tubercules *marjolin* dans un parfait état de santé. Plusieurs *violettes,* mêlées à des tubercules *jaunes,* dans le même champ, n'avaient pas de mal encore, quand les autres étaient atteints partiellement. Cela ne prouve pas que le mal ne leur peut rien, mais bien qu'elles le prennent moins vite, et je conviens que sous ce rapport on devrait les cultiver de préférence; mais le mal est toujours là, il est endémique peut-être, et les violettes comme les autres seront prises un peu plus tard. J'en ai eu plusieurs fois qui s'altéraient à leur tour tout comme mes jaunes. Enfin, la *marjolin, récoltée de bonne heure* chez moi, s'est un peu mieux conservée, mais une portion a pris la maladie.

Cependant il a été reconnu que le choix des variétés était peu efficace, car tandis que dans l'ouest et le centre de la France, les variétés rouges et celles qui sont très-hâtives ou très-tardives étaient signalées comme ayant beaucoup moins souffert que les variétés dites de seconde saison, c'est le contraire que l'on a observé dans le nord-est, où la *shaw,* la *hollande jaune* et la *truffe* d'août surtout, ont présenté plus d'altération que la *patraque jaune,* la *rouge* ou *faulquemonne,* la *violette,* etc. Dans quelques localités la *vitelotte* a été très-attaquée et bien moins dans d'autres.

S'il était avéré que le mal commençât par la peau dans les tubercules *cueillis,* par suite des agens extérieurs, et non par la transmission du virus par la plante, je conseillerais de les mettre au soleil; ils y deviennent verdâtres, et sans doute ce caractère qui durcit la peau et la rend plus rustique doit produire un bon effet. Je puis affirmer que sur plusieurs tubercules verdâtres je n'ai pas vu le mal commencer, quand déjà les autres étaient atteints.

Un long séjour en terre, après que la plante est mûre, est, à ce qu'il paraît, une nouvelle cause du progrès rapide de la maladie. En effet, j'ai remarqué cette année que ce retard a produit de mauvais résultats : c'étaient les plus grosses, et par conséquent les plus mûres, qui étaient le mieux atteintes du mal ; les deux tiers étaient noires en sortant de terre, un mois après il n'y en avait pas une de bonne. Dans un champ où j'en ai recueilli dix sacs de très-belles, il y en avait les deux tiers presque noires ; c'est au point que je voulais les donner à de pauvres chambriers : mais ce qui prouvera leur non-valeur, c'est que je n'ai pas fait ce don, en pensant que l'on dirait que je n'étais aussi généreux que parce que mes pommes de terre ne valaient rien. Cependant j'en ai fait de la farine ; j'en parlerai dans un instant.

Ainsi, puisqu'un trop long séjour en terre hâte l'effet du mal, on a dû indiquer de récolter de bonne heure ; peu l'ont fait : nos cultivateurs ne quittent pas ainsi leurs habitudes. Cependant, j'en ai rencontré un que je prêchais dans ce sens en lui citant l'exemple d'un amateur qui avait fait avec profit sa récolte au 1er août, *avant* la maturité ; et comme les pommes de terre de mon homme étaient toutes gâtées, il me dit en son patois énergique : *N'ayò pò pao ; l'an que vint, quin le serint greusses quemin de gnuis, ze leux amassou !....* (1). Et ce brave homme a raison.

A *Vonnas*, a *La Garde*, dans un sol de chenevière, j'ai eu, cette année, des tubercules très-beaux de la *jaune ;* ils se sont mieux conservés et n'avaient pas de traces de mal lors de la récolte. Cependant la fane était très-sèche ; dans cet état, ils

____

(1) N'ayez pas peur ; l'an qui vient, quand elles seront grosses comme des noix, je les ramasse.

ont séjourné en terre quinze jours au moins sans végéter. Plus tard, ils ont été atteints ; au 1er octobre un tiers était très-malade. A la fin du mois il s'en est gâté encore, mais par faible gradation.

Dans le même hameau, et à trois cents pas de là, elles étaient très-malades, et, pour le dire en passant, la commune de Vonnas a été dévastée par le fléau.

Dans un même champ de 7 ares, et d'un terrain blanc, moitié a été ensemencée en *violettes*, moitié en *jaunes*; les jaunes étaient malades pour une moitié, les violettes n'étaient pas atteintes. Chose singulière, ces dernières, dites *précoces*, avaient encore la fane verte lors de la récolte des jaunes qui l'avaient très-sèche. J'engageai le cultivateur à récolter promptement ses violettes, car il voulait attendre; je crois qu'il s'applaudira d'avoir sur-le-champ extrait ces pommes de terre ; j'en ai pris pour semence ; il en gardera aussi et je ne crains pas de dire que si elles se conservent, ce seront les seules de la commune, car toutes les *jaunes* seront gâtées avant les froids. Les ayant vérifiées à la fin d'octobre, trois sur cent étaient atteintes ; c'est bien beau !

Un voisin de ce champ a semé des blanches tardives; chacun a récolté autour de lui parce que les fanes étaient noires ; il attend toujours, ses tiges sont vertes encore, et ne m'ont point paru malades. Il a cueilli ses pommes de terre, qui se trouvent *toutes* très-saines.

Le docteur Constantin Olivier annonce que parmi les pommes de terre qu'il a observées cette année, les *blanches* ont été très-malades, tandis que les *jaunes* le sont très-peu, et il conseille de planter de ces dernières; c'est le contraire que j'ai vu dans nos localités. Comme on le voit, on ne sait auquel entendre (1)!

Je citerai enfin, comme étant une preuve de plus de la difficulté que l'on éprouve à trouver une cause à la carie des pommes de terre, les faits suivans :

Dans tel endroit, la maladie sévit avec force, là, c'est une terre normale, en pente, bien défoncée et fumée pour le blé qui a été récolté un an d'avance; dans tel autre, le mal est moindre, mais il se propage plus tard et tous les tubercules y passent; ici, c'est un terrain d'une nature excellente où le chanvre, cette année même, est venu très-beau; il a été fumé médiocrement, les tubercules étaient gros; ils ont mieux résisté, mais ils sont atteints pour un tiers, quoique assez tard. Ailleurs, dans un terrain blanc et plat, la pomme de terre s'est trouvée très-malade; puis à côté, dans le même champ, on a cultivé de la violette qui n'avait pas de mal lors de la récolte; la fane était encore verte, celle des autres était sèche depuis long-temps et la variété était *jaune.* La *blanche,* abandonnée depuis plusieurs années en Bresse, réintroduite par hasard dans le même canton que les champs ci-dessus, avait la fane verte quand les autres étaient toutes recueillies, les tubercules semés le 14 mai ont été récoltés le 10 octobre; ils se sont bien conservés.

Cette dernière variété est tardive, mais rustique; autrefois, elle portait presque toujours graine; aucune des variétés qui l'ont remplacée n'en montre, sinon rarement. Ne pourrait-on pas conclure de là que le défaut de graines annonce dans la

____

(1) Lettre au *Journal de l'Ain,* n° du 28 octobre 1850.

2

plante un état de dégénérescence, c'est-à-dire un degré trop élevé de *civilisation*, car, par un excès de civilisation, certaines plantes ne produisent que des végétaux stériles ou délicats. Il n'y aurait alors rien d'étonnant à ce qu'à force d'être affaiblie, la pomme de terre perdît sa faculté séminale, et qu'ayant été dépouillée de cet attribut de vitalité, elle ne soit devenue de plus en plus faible, ce qui l'a livrée au fléau *parasite* qui l'atteint. J'ai eu occasion déjà de considérer cet état des plantes ou des animaux qui finissent par succomber à l'âge *extrême*, étant alors envahis par un *parasite* qui doit hâter leur disparition et qui ne se montre lui-même que lorsque ces mêmes végétaux ou animaux sont assez débilités pour ne pouvoir résister à cette invasion. Je conclus de là que le *parasite* est *spontané*. Mais je n'aborderai pas cette immense et belle question sur laquelle les savans affectent de ne pas se prononcer, bien que M. Milne-Edwards, sans hésiter, refuse d'admettre ce genre de création.

On a conseillé de planter les pommes de terre de bonne heure; plusieurs jardiniers ayant procédé à cette opération en février et en avril, récoltèrent les tubercules à une même époque; ils ont reconnu que dans les champs plantés en février ils n'avaient perdu qu'un tiers de la récolte, tandis qu'une moitié était avariée dans ceux plantés en avril.

On a considéré l'humidité de l'atmosphère comme étant une des causes les plus influentes de la maladie des pommes de terre, et pour éviter ce danger, on disait de semer de bonne heure, afin de récolter de même, c'est-à-dire avant les grandes pluies. Mais l'année 1850 qui a été si sèche, au point que l'on craignait que les tubercules ne vinssent à manquer, a donné un éclatant démenti à cette opinion ; jamais les tubercules n'ont été aussi fortement atteints. Ainsi l'on voit que plus on avance dans l'examen des causes du mal, plus on est éloigné de les pressentir : c'est à y perdre l'esprit.

Les plantations d'automne, regardées comme très-propices par divers jardiniers, ont été cependant reconnues bonnes seulement dans les terrains sablonneux ; mais comme ils sont nombreux en France, c'est déjà là un point capital, et nous excitons les cultivateurs à ne pas négliger ce moyen de se soustraire *en partie* au fléau.

On a souvent dit que les petites pommes de terre, triées parmi les grosses d'une récolte, étaient très-bonnes pour la plantation. Il faudrait bien s'entendre quand on pose un précepte ; elles sont bonnes en ce sens qu'elles donnent une récolte, mais, à coup sûr, elles ne sauraient l'être au point de vue de l'intégrité de l'espèce ; en effet, une semence affaiblie ne produit qu'une descendance pareille. Cela est si vrai que, pour obtenir des *variétés* qui ne sont qu'un *affaiblissement*, les fleuristes récoltent leurs graines sur les plus petites fleurs d'une plante ; ainsi, pour la marguerite-reine. Van-Mons conseille à son tour de semer des pépins de raisins non *mûrs*... Il est inutile de dire ici qu'aux yeux du naturaliste une plante à fleur très-double est une monstruosité et une dégénérescence du végétal qui en est plus ou moins affecté, selon qu'il s'éloigne de son état primitif par un excès de culture.

Cette indication de réserver pour le plant les plus petits tubercules n'a pas été admise en haut lieu ; aussi M. le ministre de l'agriculture, dans ses instructions aux cultivateurs, a très-bien conseillé de préférer les *plus gros* tubercules et les moins altérés. Il veut même qu'on les plante entiers. Il est bien certain que plus il y a de tubercules *mûrs* (les petits ne le sont pas), plus la plante a puisé de force dans son jeune âge et plus alors elle résistera aux influences délétères (1). Que penser donc de ceux qui fractionnent leurs tubercules en plusieurs parties, ou même de ceux qui ne plantent que l'œil avec un léger talon ! Il en est de même du procédé Gasparin, consistant à planter par boutures enracinées et sur couche. Dans tous ces exemples, bien qu'une récolte s'ensuive, ce n'est pas un argument contre nous, car il s'agit de se préserver du mal par des tubercules *forts*, chose que ne peuvent pas présenter des plantations faites avec des plants faibles ou incomplets ; on me comprend suffisamment; nous dirons cependant, pour terminer sur ce point, que presque tous les savans d'Allemagne, appelés à se prononcer sur la maladie des pommes de terre, en ont attribué la cause à l'usage de planter des morceaux de tubercules.

Les pommes de terre qui ont germé plusieurs fois avant la plantation sont très-impropres à la propagation de l'espèce; elles ne sauraient donner que des extraits affaiblis; mais on n'a pas fait de distinction entre celles qui n'ont germé qu'une fois et que l'on plante avec ces premiers germes, et c'est à tort, ce me semble, car en cet état le tubercule est tel qu'il doit être; si le germe l'a affaibli, ce même germe a profité de la fécule qu'il contenait. On sait que cette partie amilacée n'a été donnée par la nature que pour substanter le germe; et l'on

(1) *Avis aux Cultivateurs.* — 1846.

a constaté que , dans les pommes de terre germées , il n'y avait presque plus de fécule ; sans germer même , le tubercule perd sa partie féculente par une trop longue conservation. J'en ai gardé d'une année à l'autre, en ayant soin d'enlever quelques germes légers à mesure qu'ils se produisaient ; mais ces tubercules étaient secs , ridés , et par l'évaporation ils avaient perdu leur amidon. Je les tenais étendus en une seule couche mince ; ils avaient le grand air ; la plupart ne germaient pas , et cependant ils n'avaient plus de fécule.

Je reviens aux pommes de terre germées ; celles qui n'ont germé qu'une fois et que l'on plante à l'instant me paraissent aussi intactes pour conserver l'espèce que les tubercules plantés sans être germés. Cela se comprend ; s'ils sont affaiblis , c'est par le germe ; alors celui-ci a puisé la force qui lui est nécessaire, l'opération qui suit est bonne. Il y a des variétés qui ont une extrême tendance à pousser avant la plantation. La violette précoce est de ce nombre. J'en avais mis dans un panier deux douzaines non germées , en quatre ou cinq jours elles avaient des germes de 3 pouces ; je ne voulus pas me priver de la vigueur qu'elles montraient et je plantai mes tubercules en cet état ; les plantes furent robustes et productives ; mais la maladie les frappa comme partout ailleurs.

Cependant quelques praticiens soutiennent qu'il est beaucoup mieux de planter la pomme de terre avant qu'elle n'ait germé ; je ne contesterai pas le fait , je ferai remarquer seulement qu'on ne peut rien en conclure pour ou contre les causes de la maladie. Que de gens en ont planté sans être germées , qui n'ont retiré que des produits avariés !

Que d'erreurs ont été émises dans les premiers instans du fléau qui a ravagé nos pommes de terre! En 1847, dans son rapport, M. Seringe croyait que l'on pouvait prendre, pour planter, des morceaux sains sur les tubercules attaqués! Comme si le mal n'était pas dans le tubercule entier! On conviendra que c'était là un moyen peu efficace de reconstituer l'espèce; mais il n'étonnera pas, de la part d'un auteur qui pensait aussi que la maladie n'était qu'instantanée et qu'elle disparaîtrait graduellement (1)! Cet estimable horticulteur doit maintenant savoir à quoi s'en tenir; il est impossible que les tubercules soient plus malades qu'aujourd'hui, car cette année les ravages se sont encore étendus davantage; c'est bien le cas de dire que la *maladie augmente graduellement;* c'est au point que toutes les bouches savantes restent muettes, et qu'ayant épuisé tout son feu sans rien démontrer, chacun se tient coi par prudence. C'est désolant pour notre avenir!

En 1844, M. Changarnier fils a récolté, le 28 février, des pommes de terre qu'il avait plantées le 1er août précédent; il opéra à un pied de profondeur, et couvrit d'une couche de fumier pour parer aux gelées, après avoir donné jusque-là plusieurs façons aux tubercules. La récolte fut abondante. L'avantage de ce procédé est d'avoir des pommes de terre fraîches, au moment où d'ordinaire elles vont manquer, comme encore de pouvoir semer à la suite, sans nouvelle fumure, du blé ou de l'avoine, ainsi que l'a fait l'expérimen-

---

(1) Moyens de multiplier abondamment la pomme de terre. — *Rapport*, etc., 1847.

tateur précité. Mais si l'humidité et les pluies sont contraires
à la santé des pommes de terre, ainsi qu'on le dit généralement,
et si l'on doit semer en février ou en mars pour y obvier, à
coup sûr le procédé de M. Changarnier ne doit pas être suivi ;
car les tubercules essuient toute la saison pluvieuse (1).

Ira-t-on chercher à récolter deux fois l'an afin de parer au
mal ? J'ignore ce que cela peut produire, car des essais en
grand n'ont pas été faits. Mais qu'appelle-t-on pommes de
terre à deux récoltes ? Il y a des gens qui croiront que la
variété la plus hâtive, remise en terre après sa cueillette, pro-
duira une seconde récolte ! La chose est impossible, et vainement citera-t-on une exception ou deux, car on en peut trouver
partout : jamais les mêmes tubercules ne produiront deux fois
dans le cours d'une année. Tout ce que l'on peut dire, c'est
que, grâce à sa précocité, la variété hâtive pourra donner sa
récolte deux fois dans un an, mais ce sera toujours avec des
tubercules anciens.

Une curieuse expérience a été faite, avec succès, par M.
Ratier, cultivateur à Mont-Louis, près Poitiers. L'emploi du
sel a été très-efficace pour préserver de la maladie les pommes
de terre qu'il a plantées. Il a placé vingt poignées de sel, du
poids de cent grammes l'une, sur vingt morceaux de tubercules, de la grosseur d'un œuf de poule; il a obtenu trois
doubles décalitres de pommes de terre, dont pas une n'a été
attaquée, et de qualité supérieure. Nous remarquerons que la
consommation du sel est bien forte ; mais on peut opérer à

(1) Voir le *Journal de la Société d'Emulation de l'Ain* de 1848, p. 279.

moins. On observera encore que la plantation par fragmens de tubercules, si fort improuvée par la science, n'a produit ici qu'un bon effet.

Une contre-épreuve se faisait presqu'en même temps à Thann (Haut-Rhin), par M. Williers, chimiste. Il a planté 25 pommes de terre, un peu attaquées par la maladie. En les mettant en terre, il les a saupoudrées chacune de *quatre* grammes de sel ; il a obtenu de très-beaux tubercules qui se sont *bien conservés*. Il planta dans le même terrain, sans sel, 25 autres pommes de terre malades ; les tubercules ne sont pas venus, la plupart étaient atteints, et les meilleurs ne se sont pas conservés plus de deux mois. Cet essai devrait bien être répété ; là est peut-être l'avenir de nos parmentières !

On a beaucoup prôné depuis un an ou deux la méthode de coucher les tiges de pommes de terre au fur et à mesure qu'elles s'allongent, et cela dans le but d'obtenir autant de plantes nouvelles. Ce mode de culture, bon peut-être pour quelques variétés hâtives et dans des terrains de tout premier choix, ne saurait jamais faire fortune en Bresse, ni dans les terrains forts. Il entraîne avec lui trop de soins minutieux et si peu d'espoir de réussite que je ne conseille pas de s'y arrêter. Un essai tenté dans mon propre jardin ne m'a pas réussi sur une seule plante.

Voici encore un fait à noter : dans la commune d'Echallon (Ain), un champ de pommes de terre offrait en 1850 un aspect plein de santé, à côté d'autres champs voisins dont les plantes étaient noircies par la maladie. A la récolte pas un tubercule ne fut atteint du mal, et dans les autres terrains ils l'étaient beaucoup. Le propriétaire du champ favorisé l'avait saupoudré de cendres de bois avant de planter ses tubercules ; déjà l'année précédente le même résultat avait amené un effet pareil. On fera bien de répéter cette expérience.

RESSOURCES.

Après avoir passé en revue ce qui concerne la cause de la maladie des pommes de terre, ainsi que les divers moyens conseillés pour s'en garantir, nous aborderons un sujet plus pratique et d'une utilité actuelle ; puisque nous ne pouvons savoir d'où vient le mal et quels en sont les remèdes, nous trouverons à coup sûr dans la pratique de bonnes ressources pour tirer parti des tubercules avariés ou en danger de l'être.

Une première chose à faire après avoir récolté, c'est d'étendre les pommes de terre par lits peu épais, dans un lieu sec et aéré s'il est possible. Le grand jour les fait verdir à l'extérieur, c'est peut-être une sorte de végétation anticipée ; mais on ne les y laisse exposés que peu de temps, je crois qu'il n'y a pas de danger : je suis même porté à croire, jusqu'à preuve contraire, que les tubercules verdâtres sont plus rustiques et se conservent mieux. Que l'on y songe, dans une maladie de la peau, ce qui peut *raffermir* cette enveloppe me paraît d'un utile emploi. N'a-t-on pas conseillé, en effet, de passer au four ou à l'eau bouillante des tubercules pour les conserver un an !

On doit visiter fréquemment ses tubercules et séparer chaque fois les mauvais des bons ; on retarde ainsi l'effet de la contagion qui se répand promptement quand il y a des tubercules pourris, les simplement *cariés* ne communiquent pas rapidement le mal dont ils sont atteints.

Que fera-t-on de ces tubercules malades? On les donne au bétail, crus ou cuits. Ils sont moins nourrissans que des tubercules sains, mais il faut bien en tirer parti. L'essentiel est qu'ils ne soient pas d'une alimentation dangereuse, et l'on s'accorde jusqu'ici à leur reconnaître ce caractère. Pendant deux mois, et deux fois par jour, on a nourri chez moi un porc avec des tubercules plus ou moins malades; il n'a pas paru en être affecté d'une manière fâcheuse. J'ai moi-même plusieurs fois mangé de ces mêmes tubercules les plus légèrement atteints; je ne leur ai trouvé qu'un goût particulier non désagréable; la pomme de terre était grasse quoique les signes extérieurs annonçassent un tubercule mûr et de bonne qualité. Cela prouve que c'est le principe amilacé qui est saisi dès l'abord par la maladie.

On peut aussi en extraire de la fécule; j'ai ainsi procédé cette année, en ayant beaucoup à ma disposition. J'ai eu le soin de choisir les plus gros tubercules, afin que l'opération marchât plus vite, et je prenais à dessein les plus malades; quoique avariés à moitié, ils m'ont donné de belle et bonne fécule. Le rendement m'a paru très-satisfaisant, eu égard à la quantité. Mais ce que je dois surtout faire remarquer, c'est que tout ce que j'obtenais de fécule était autant de trouvé, car dans peu d'instans il m'eût fallu tout porter au fumier.

L'eau qui recevait la fécule était plus rouge, le son avarié en était la cause; j'en fus quitte pour faire laver plus souvent ma fécule, et surtout pour en extraire la partie la plus colorée qui restait au-dessus ; et mise séparément elle m'a fait une farine de second choix , dont le porc du ménage paraît s'être bien trouvé , ainsi que mes canards.

Accommodée au lait, en bouillie, la fécule est un bon manger, assaisonnée de sucre *au moment*, et aromatisée de fleurs de pêchers, de kirschwaser, de fleurs d'oranger, etc., elle fait une crême agréable, mais il faut la consommer chaude et ne pas en garder pour le lendemain.

J'ai voulu essayer de jeter dans l'eau bouillante quelques tubercules pour les conserver ; le procédé ne m'a pas réussi. J'avais mis pêle-mêle, et à dessein , des pommes de terre malades et des saines, l'effet m'a paru le même; elles moisissent et sont très-longues à sécher, je n'ai pas voulu recourir au four, mais je crois qu'il ferait mieux ; on dit qu'en les y passant à une chaleur modérée, on les conserve un an (1).

On a conseillé de couper les pommes de terre par tranches et de les sécher au four sur des claies; j'en ai coupé trois doubles-décalitres et les ai achevées au soleil , puis repassées au four ; ces morceaux très-secs se conservent bien , et si on a le soin de ne pas les enfourner par une chaleur trop forte , la réussite est parfaite. Le danger est de les *cuire*, car alors la fécule s'extravase et perd sa vertu , il n'en reste plus assez dans les tubercules qui n'offrent ensuite que du son. On connaît cet état de cuisson trop forte au gluten qui s'attache aux doigts quand on décolle les tranches des claies, ainsi qu'à l'odeur

(1) *Guide des Cultivateurs*, année 1843.

acide qu'elles exhalent. Il faut alors se hâter de les bien exposer au soleil , ce moyen évite la fermentation , et l'on ne saurait les placer trop tôt à un courant d'air ou les dessécher très-vite ; ce soin est important.

L'odeur qu'exhalent les tubercules secs est agréable et leur farine est appétissante pour le bétail ; le goût de grillé qu'elle a doit lui plaire. J'ai fait fabriquer cette farine sans ôter le son ; elle est très-bonne en gaufres et en bouillie au lait ; si on la passe au tamis , elle offre un aliment sain et sapide ; sa cuisson est prompte. C'est la première fois qu'un moulin de Vonnas a engrainé avec cette curieuse mouture ; j'espère bien que ce ne sera pas la dernière, car j'ai donné de cette farine à mes voisins qui plus tard m'imiteront, je pense. Ce moyen de conservation est trop commode et trop avantageux pour qu'on ne le pratique pas. La pomme de terre peut ainsi se conserver long-temps, moulue ou en tranches sèches.

On a cru, ai-je dit plus haut, que le semis allait régénérer les pommes de terre ; voici un fait qui prouvera que les variétés *triomphantes* et nouvelles sont atteintes comme les autres (1). J'ai acquis, pour le prix de 50 centimes, un tubercule du poids de 500 grammes, de la variété toute nouvelle dite *Constance Perrault ;* on en racontait merveille , et il le fallait bien pour qu'elle eût cette valeur. J'ai fait dix plantes de mon tubercule , et les ai placées dans mon jardin en 1850 ; le produit a été médiocre ; je n'avais pas butté : mon étonnement a été très-

____

(1) En 1849, la *Constance Perrault,* tubercule rouge-brun, énorme, allongé, paraissant vigoureux. a été *couronnée* par la Société horticole de Mâcon.

grand d'en voir une moitié déjà malade au 10 septembre. Les plus gros tubercules étaient ceux atteints; ils l'étaient par l'un des bouts, celui qui tenait à la plante; c'est aussi là que la maturité commence, la pomme de terre s'achève plus tard à l'autre extrémité. Quoique ces tubercules fussent étendus et au sec depuis dix jours, il y en avait qui se pourrissaient déjà, et comme ce fait a eu lieu sur un petit nombre , j'ai dû m'en étonner, d'autant plus que sur dix sacs que j'ai à la campagne et dont les deux tiers sont atteints fortement, je n'en ai pas encore retiré trois de pourris. Est-ce que par hasard une variété prétendue *régénérée* serait encore plus portée à l'avarie qu'une variété ancienne? Les régénérateurs nous apprendront cela un jour.

Voici un exemple plus frappant, et qui démontre que la façon dont sévit le typhus des pommes de terre est tout-à-fait inexplicable. Ayant reçu cette même année une demi-douzaine de tubercules qui arrivaient à l'instant du Sénégal, je les ai plantés entiers dans mon jardin, à la vérité à côté des Constance Perrault; cette variété , très-saine et humide encore à l'intérieur quand on la partageait, avait conservé tous les signes féculens les plus prononcés. Elle a été atteinte par la maladie sur un quart des tubercules; au 20 novembre le mal augmente.

C'est à désespérer vraiment que de faire de ces observations-là; car, qui n'eût dit ou pensé que cette variété si saine et si étrangère à notre climat infesté, n'aurait pas complètement résisté, pendant quelques années du moins! Et qu'espérer désormais, puisqu'un élément aussi normal ne peut être à l'abri du fléau qui nous dévaste généralement! La traversée ne lui a pas causé d'avaries; les tubercules étaient très-sains, ils commençaient à germer un peu, car le printemps était chaud; il est bien surprenant qu'ils aient été atteints. C'est grand dommage, car ce tubercule, curieux par sa couleur, pouvait être une bonne acquisition pour nous. Il est rond, d'un violet noir en dedans et marbré d'un peu de blanc; malgré son aspect particulier, son goût est parfait. Le voyageur Bressan qui l'avait rapporté du Sénégal comptait sur plus de succès; il aura toujours été la cause d'une expérience qui pourra, je l'espère, servir à éclaircir la grande question qui nous occupe depuis long-temps.

Il est bon de noter que, contrairement à la *Constance Perrault* et autres variétés françaises, les *plus petits* tubercules sénégalais ont été seuls atteints les premiers; les gros plus tard.

J'ajouterai, pour compléter mon expérience et nullement pour en tirer un argument quelconque, que la variété jaune hâtive, cultivée à côté des deux précédentes, a été fortement atteinte; mon terrain n'avait pas été fumé cette année, il était plutôt épuisé que trop engraissé; rappelons aussi que la saison a été très-sèche, puisque l'on dit que l'humidité de l'atmosphère est nuisible aux tubercules. Dans une autre partie du département, la jaune au contraire a peu souffert, suivant le docteur Olivier, qui conseille d'en planter beaucoup.

Il paraît que le germe morbide qui se développe dans la pomme de terre malade, a une action destructive extraordinaire; on en peut juger par l'effet qui se produit sur les tranches de tubercules mises au four. J'avais indistinctement coupé les légèrement malades et ceux qui l'étaient à moitié : je ne tenais pas à utiliser ainsi mes tubercules sains ; cependant, avec la perspective de voir ceux-ci atteints un peu plus tard, c'est un bon procédé d'en dessécher une certaine quantité ; mais on les garde pour la fin, et l'on fait consommer d'abord les plus avariés.

Parmi les morceaux retirés du four avant dessication complète, il s'est trouvé des tranches qui n'étaient que ramollies et comme cuites ; sur plusieurs d'entre elles, je remarquai diverses végétations fongueuses dont je vais parler.

Les tranches mi-sèches, un peu cuites et molles, offraient à l'œil des *bysses* de deux ou trois espèces ; tantôt c'étaient des moisissures en poils ou fils entrecroisés, ayant l'aspect de toiles d'araignées, répandues sur toute la surface des morceaux ; tantôt elles ressemblaient à de petites vesces-loups, de grosseurs variées, placées en groupes, blancs et mous.

Ces fongosités s'étaient rapidement développées au four même, et je pense qu'elles s'établissaient sur les tranches des pommes de terre malades ; car ce n'est que sur un petit nombre que je les remarquai. Cela prouve toujours que la pomme de terre avariée a une tendance extrême à s'altérer de toutes manières. L'humidité des morceaux, jointe à la chaleur douce du four, a déterminé leur prompte apparition ; séchées au soleil ou à un four plus doux, cet effet n'eût pas eu lieu.

RÉSUMÉ.

Nous résumerons en quelques lignes le long énuméré qui précède ; nous avons été contraint, par la nature du sujet, d'y apporter peu de méthode. Nous n'avons du reste pas eu la prétention de rien professer, notre but a été d'exposer ce que nous savions et ce que nous avons observé : c'est une pierre à l'édifice, et voilà tout.

Il en résulte :

1° Que personne ne peut encore asseoir nulle opinion fixe sur les causes de la maladie.

2° Sa forme et ses allures sont mieux connues.

3° Les semis ne sont pas un moyen de guérir l'espèce qu'on ne saurait non plus *régénérer*.

4° Semer de bonne heure parait un moyen utile, et surtout il est plus praticable que celui de semer avant l'hiver.

5° On ne doit semer, c'est-à-dire planter, que les tubercules les plus sains ; on évitera de prendre des pommes de terre dont on aura été obligé d'enlever les germes ; ne pas se laisser aller au mode de coucher les tiges, si l'on veut éviter une perte de temps et un non-succès ; qu'importe que quelques-uns aient réussi !

6° Saupoudrer chaque tubercule d'un peu de sel en le plantant parait une bonne méthode ; mais il se passera du temps avant que les campagnes songent à l'adopter. On devra essayer les cendres de bois.

7° Récolter de très-bonne heure et avant que la plante soit mûre : ce procédé sera efficace pour avoir des tubercules qui se conservent; mais ceux-ci n'étant pas complètement mûrs, on ne doit pas compter dessus pour opérer des plantations robustes. Il s'opère bien un achèvement de maturité sur ces tubercules non mûrs; mais elle se fait aussi sur les plus gros : ce n'est là qu'une sorte de végétation latente et très-légère; elle ne saurait donner aux petits tubercules la force que la terre n'a pu leur procurer.

8° Planter de préférence les variétés printannières; la perspective de les récolter plus tôt, fait qu'on les obtiendra moins malades.

9° S'assurer si les plantes sont attaquées par l'*élater segetis*, et s'il est pour *quelque chose* dans la pourriture des tiges, des feuilles, et par suite des tubercules.

10° La larve, que j'ai observée dans le tubercule même, est-elle répandue dans d'autres localités que le territoire des *Hayes*, commune de Vonnas? L'insecte qui en provient ne doit pas être l'élater ou *taupin*; il est plus gros sans doute, à en juger par la dimension de la larve elle-même, qui ressemble à celle du blaps d'Europe dont les mœurs sont si peu connues.

11° On a eu tort, peut-être, d'abandonner la culture de la pomme de terre blanche, ancienne variété rustique et tardive.

12° Les tubercules coupés en tranches et séchés au four, se conservent parfaitement; le bétail s'en trouve bien, quand on réduit ces tranches en farine au moyen de la meule de moulin. C'est le seul mode de conservation que je recommande. On donne cette farine cuite ou crue.

3

13° On s'empressera de faire autant de fécule qu'on pourra ; elle se conserve trois ans dans des flacons de verre bien bouchés ; on s'en nourrit, on en donne à la volaille qu'on veut engraisser ; dans ce cas elle doit être cuite.

14° Les variétés nouvelles prennent la maladie comme les anciennes.

15° Les tubercules tirés de delà les mers ne valent guère mieux pour planter.

16° La moisissure qui se remarque sur les tubercules pourris se retrouve avec d'autres végétations sur les tranches mi-séchées au four.

17° Les gens de campagne étonnés de la persistance du fléau, la science restant muette, commencent à y voir du merveilleux ; les têtes fermentent, il est temps de se prononcer sur la cause du mal.

En terminant, je dirai que j'ai remarqué des germes, en octobre et novembre, sur les tubercules presque séchés par la carrie. Les sains ne bougeaient pas. Ce fait démontre une prévoyance de la nature qui se hâte de fournir des élémens de reproduction dans un objet qui va périr. Maintenant les germes pourraient-ils donner des plantes saines? Si ce fait était démontré, je dirais qu'un jour viendra où le mal doit disparaître, car la nature ne fait rien en vain. Partant de ce principe, pourquoi donc celle-ci fournirait-elle les germes *anticipés* de tubercules carriés entièrement?

Pendant le tirage de cet opuscule, je vois que M. Girou de Buzareingues vient de transmettre à l'Académie un mémoire sur une série d'expériences qu'il a faites et qui sont destinées à prouver que la dégradation observée sur les pommes de terre n'est pas l'effet d'une maladie, mais du *défaut de maturité* ou de l'action destructive exercée sur les tubercules par des vers ou des insectes.

L'auteur affirme avoir trouvé les tubercules les plus voisins de la surface de la terre plus souvent retardés dans leur maturité que ceux qui avaient poussé profondément.

Je regrette de n'avoir pas le loisir de prendre une connaissance approfondie des démonstrations de M. Girou ; mais le simple exposé qui précède et que j'emprunte à un journal, est loin de satisfaire mon esprit.

En effet, je ne vois pas comment ces vers et ces insectes nous auraient échappé jusqu'à présent. D'un autre côté, il me semble difficile d'admettre que le défaut de maturité *actuelle* soit la cause du mal, puisque j'établis que presque toujours ce sont les tubercules les plus *mûrs* qui sont atteints ; il y a même mieux dans les pommes de terre longues, ainsi que nous le disons à la page 29, c'est du côté où le tubercule est le plus mûr que le mal commence.

Dans tous les cas, je m'étonne que M. Girou admette déjà *deux causes* à la maladie des pommes de terre.

Dans la crainte d'être injuste envers cet observateur, et ne pouvant assez apprécier son travail, je ne pousserai pas plus loin mes réflexions.

9 782329 602660